新女红

服饰搭配与旧衣新穿

刘 冰 主编

U0225741

上海科学技术文献出版社
Shanghai Scientific and Technological Literature Press

图书在版编目（CIP）数据

新女红：服饰搭配与旧衣新穿 / 刘冰主编 . —上海：上海
科学技术文献出版社，2016.1
ISBN 978-7-5439-6719-9

Ⅰ . ① 新… Ⅱ . ① 刘… Ⅲ . ① 服饰美学　Ⅳ . ① TS976.4

中国版本图书馆 CIP 数据核字（2015）第 111296 号

责任编辑：张　树
封面设计：许　菲

新女红：服饰搭配与旧衣新穿
刘　冰　主编
出版发行：上海科学技术文献出版社
地　　址：上海市长乐路 746 号
邮政编码：200040
经　　销：全国新华书店
印　　刷：昆山市亭林印刷有限责任公司
开　　本：880×1070　1/16
印　　张：4.75
版　　次：2016 年 1 月第 1 版　2016 年 1 月第 1 次印刷
书　　号：ISBN 978-7-5439-6719-9
定　　价：18.00 元
http://www.sstlp.com

目 录

编者的话

　　"改造我们的衣橱"已经成为当今时尚达人们最为关注的话题。打开衣柜,里面是不是有很多经常不穿的衣服呢? 或者是觉得没有特色和新意,失去了时尚的意味而不能引起你再穿它的兴趣? 或许你曾经也想过要DIY改变它,但觉得DIY方法都太难了,要么需要工具,要么就需要有专业的设计和制作。在此,我们立志于给大家展示一些服装设计、服装搭配的理念和对时尚的理解方式,以及几种服装改造实例的设计思路解析。希望能让你打开思路,给自己压箱底的衣服新的生机、新的面貌,使它们重新得到你的青睐。只要我们多动脑、多动手就可以拥有极具个性而又独此一件的衣服,岂不是件幸事!

　　本书在编辑制作过程中得到北京服装学院王群山老师和林路的大力支持和帮助,没有他们,这本书就不会得到这么珍贵的设计材料,同时他们也是这本书重要的策划人。在此,对他们的努力表示由衷的感谢。

刘冰

第一章 衣生活

Fashion Fashion Fashion

衣 我 做 主

Fashion

当下的时尚风格倾向于鲜艳明快的色彩,款式的设计以惊艳前卫的感觉为主。这时添加一些经典的复古的元素无疑更增添魅力。与以往有所差异的是,在整体设计中减少了之前的繁冗复杂的内容,以大方简约的剪裁和装饰为主导,可以给人清爽的感觉,让你眼前一亮。

Fashion

黑白是永恒的经典搭配,而金色、天蓝色、桃红色、橙色这几个以前几乎难以看到的色彩在这一季的服装发布中起到了很好的调节作用。丰富的色彩,减少了灰暗和沉闷,打开了我们的心扉。

衣 我做主

2008年秋冬的配饰同样鲜艳夺目,让你无法抗拒吸引,墨镜一直以来就是时尚达人们不可或缺的配饰,这一季哈利·波特式的黑色圆边框的墨镜,重新受到许多时尚达人们的青睐。

Fashion

Fas

ion

Fashion

2008年秋冬高级成衣秀的T台上模特手中那些颜色亮丽的包包,非常吸引眼球。色彩艳丽光鲜,设计更贴心,更实用,更趋于简单,你尽可以轻松地把它随意地夹在腋下,也可以用手拎着,尽情凸显你的优雅。

2008年秋冬最新鞋款,主导思想是将色彩与华丽有效结合,令时尚与华贵相得益彰。鞋跟的设计别具一格,给鞋跟以想象的空间,鞋跟部分增加亮片的装饰更是让人有耳目一新的感觉。

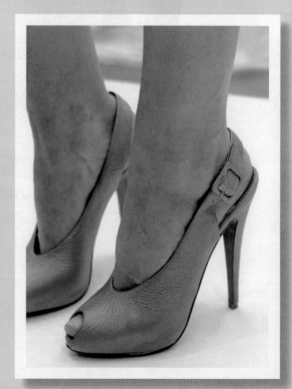

第二章 关于服装与服装设计

Fashion Fashion Fashion

　　服装其实是会说话的艺术,它可以用自己的语言来告诉大家它所服务的主人是什么样的人,包括你的经济地位、思想品味、生活状况、表达能力和目前的心情。那么服装是如何做到这些的呢? 就是运用它的每个细节来体现,用整体组合的状态来表达。现在我们就先把细节的情况简单地介绍给大家。

服装造型构成的要素

　　服装是三维的立体空间造型,它是由点、线、面这些基本形态要素构成的。服装整体设计就是运用美的形式将这些要素组合成完美的服装造型结构。

一、点的设计

　　在服装设计中,点的运用具有表现活泼、突出的效果以及引导视线的作用。它表明位置可作为视觉的中心点。点可以有大小、形状、色彩、质地的各种变化。点在服装造型设计中可以代表物体的存在,既有宽度,又有深度。

　　点的应用可以打破服装的单调,起到画龙点睛的作用,令着装的整体美有明确主题。

Fashion

点的工艺

在服装设计中运用立体的点来装饰是目前比较多见的设计形式,比如珠子、珠片、亮片、线头、纽扣等附加于服装上来装饰。这些装饰物的分散、大小、材质、配色都是很重要的因素,运用得好,可以显示出服装的灵动感和层次感,否则就会很容易落入俗套,有不协调的感觉。

点在服装设计中的表现形式

图案点

点在服装设计中的应用可以用图案来表现,或者是抽象,或者是具象的图形、文字、字母等图案,以印染、刺绣、镶嵌等各种手段来表现。大点的图案活泼跳跃,小点的图案有块面的视觉效果,大点加小点可以表现出跳跃的节奏韵律。因为点的运用比例不同、分散不同、色彩不同,相应的成品所造成的视觉效果也不同。

装饰点

点在服装造型设计中可以通过服饰品、首饰、饰花、装饰扣、蝴蝶结等形式来表现。服饰品是要与服装的某一部分相呼应,以期达到形式的活泼多样。比如用胸花、蝴蝶结、皮带扣等物品装点服装。还可以用首饰来点缀,比如戒指、耳饰、项链、胸针等质地要与服装的整体风格相协调。

二、线的设计

服装设计中的线因其有粗细曲直,故具有引导人们的视线的作用,是具有方向性的表达。线分为长短、位置、方向等几种表现方式。线包括了明线、暗线和立体线三种。线的表现可以令人产生错觉,令设计发生变化,是很具有设计内容的一个构成要素。服装设计中的线可以表现出设计者的理念和性格。线可以分为直线和曲线。

直线

直线是最单纯、最简洁的表现方式。直线又分为垂直线、水平线、斜线几种。直线的运用可以达到干练、坚强、单纯、简洁、刚毅的效果。

(1) 垂直线:垂直线具有修长、挺拔、上升的特点,给人纵向的感觉。

(2) 水平线:水平线具有平静、安稳、广阔的特点,产生横向的扩张,给人稳定、安全的感觉。服装设计中的水平线可以用来强调硬朗、稳重的个性。

(3) 斜线:斜线具有不稳定、分离的特点。比水平线和垂直线更具有动态感和不安全感,在服装设计中运用可以给人活泼、轻松的感觉。

(4) 折线:折线比水平线和垂直线都有张力,折线具有锐利、不稳定的特点。

曲线

曲线是点做弯曲移动的轨迹,具有起伏、委婉、飘逸、妩媚的感觉,因曲线有柔软、优雅的特性,一般用于设计女装。曲线分为几何曲线和自由曲线。

(1) 几何曲线:是有规律的曲线。比如椭圆、半圆、螺旋线、抛物线等。在服装设计中,几何曲线多用于底边、裙摆等,给人柔美的感觉。

(2) 自由曲线:自由曲线没什么规律,很随意,很有个性,在服装设计中运用自由曲线会有自如、变化和丰富的感觉。

在服装设计中线的应用

(1) 结构线的应用

服装设计中的结构线：分割线、皱褶线、轮廓线等的运用具有顺应人体曲线和形式美感的装饰性。

(2) 服饰线的应用

在服装设计中的服饰线可以是拉链、绳带、镶边、嵌条、流苏、珠串。或者用印染、编织所形成的图案装饰线。

(3) 装饰线的应用

装饰线就是有线形感觉的装饰物,比如项链、手链、挂件、腰带、围巾、包带等。通过装饰物的颜色、材质、形状的区别变化与服装搭配可以产生丰富感。

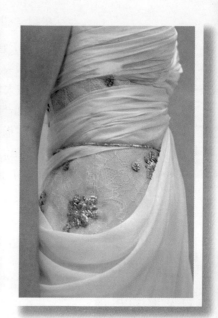

三、面的设计

在服装设计中,面是通过色彩、面料、图案等来表现的。面也有平面和曲面之分。

面的构成

平面

平面是由直线的平直移动而形成的,平面也分为规整平面和不规整平面。

(1) 规整平面:规整平面是指有规律的几何平面,有方形、三角形、多边形、圆形等。不同的规整平面给人以不同的视觉效果。

(2) 不规整平面:不规整平面有直线,也有曲线所造成的不规整平面。不规整平面在服装设计中以图案和装饰物的表现方式为主。

曲面

曲面是由曲线的移动形成的,也分规则曲面和不规则曲面。

(1) 规则曲面:规则曲面是指弧线的直线运动所构成的单曲面和曲线运动所构成的复曲面。

(2) 不规则曲面:不规则曲面是指自由形式的曲面。

服装设计中的面的表现形式

（1）衣片面

服装的制作是由衣片组成的，把袖片、裙片、裤片、领片、口袋片等等单独的、不同的面积、不同的形状加以整合，就形成了成衣。

（2）色彩面

在服装设计中，把不同颜色的面组合、拼接形成新的效果的成衣，令服装具有层次感和不同的韵律。

（3）图案面

在服装设计中经常运用大面积的不同的图案与造型简单的服装相组合，造成一种新的视觉感，有效地避免了单调。

（4）饰品面

装饰品在服装的造型方面表现得较为突出，比如围巾、披肩、帽子、包袋等等。

（5）面料对比

不同的材质、不同的面料、不同的造型、不同的面积混搭组合，视觉效果会不同凡响。

Fashion
Fashion
Fashion

第三章 流行与个性

Fashion
Fashion
Fashion

时尚流行是什么？《新华字典》对此的解释为：流行，广泛传布；盛行。时尚，当时的风尚。有种说法"时尚多变，风格永存"说出了那些傲立群芳的时尚达人的立足诀窍。哪怕是大缝牙，哪怕是雀斑都丝毫不会影响她们时尚的程度。

　　Beatrice Dalle 从小就是个非常有主见的人，她15岁就离开了父母和生她、养她的家乡，孤身一人闯巴黎。在此之前她并没有上台表演过，更谈不上有舞台经验。但她的大胆和独立给了她无尽的能量，令她一上银幕就一鸣惊人。她拥有的是聪慧和自然的本色，因此征服了大家，并掩盖了她那硕大的牙缝和平平的相貌，而令观众尽情地开怀大笑。虽然她没有大部分女演员那种令大众接受的美艳，但她的大牙缝居然成为镜头中独具特色的一大亮点！

　　现在的时代是自我的、宽容的时代，只要我们大胆地做自己，大胆地诠释自己，那朴实的可爱和率真就是我们最有力量的资本。相信你自己！让我们大胆而快乐地塑造自己，创造自己美好而快乐的生活！

ashion
ashion

关于服装的风格

　　服装的风格是表达个人文化内涵和自身个性的载体。风格的定位要以自己的年龄、性格、文化修养、审美情趣、社会地位和本人对服装的理解而进行合理的调整和确定。服装的定位可以直接表达人们对社会生活的态度和心理以及对现代潮流的理解和自我演绎。你今天的服装风格是可以影响到你一整天的心情和举止的。

　　今天的我们，已经不能容忍把自己装饰成一成不变的模样。在不同的场合，面对不同的人群，我们都希望自己有不同的表现，成为百变超人——变色龙！随着时代的变化、经济的发展和繁荣，面对变幻多端、纷繁复杂的大千世界，这样的想法是可以理解的，或许也有缓解压力的作用。充分展现自我，不失为表达自己另一面的一种方式。

服装的风格分类

　　服装分类由于标准不同而不同，我们以女性服装的流行风格为标准进行综合分类，分成8个风格流派：经典的、浪漫的、时尚的、优雅的、正式的、休闲的、田园的、中性的。

一、正装风格——都市而现代的服饰

正装风格服装的整体印象

正装风格的服装是现代大都市中白领一族的象征，她们在大都市的建筑物、现代化的道路等景观中快节奏地穿梭，成为都市生活的主体。正装风格服装的设计灵感来源于都市里的白领丽人快节奏的生活和建筑物的工业造型，有高科技的、几何的、技术的和职业的感觉。整体感觉崇尚简约，时代感很强。多运用直线、几何形状表现造型，面料平坦，有弹性，色彩明快，简洁，具有现代感。

正装风格服装的造型特点

正装风格服装的造型简洁干练、高雅大方、剪裁讲究。包括造型优雅的个性套装、短裙、夹克、马甲、披风等。运用直线、几何线条表现出理性、自信的职业女性形象。正装风格服装的色彩特点是运用中间偏冷的色彩、金属色、有光泽的色彩，搭配的饰物镶嵌拼接混搭、金属扣子等设计手法，以达到功能性较突出、合理的设计效果。以金属色和荧光色为主，再配以透明晶莹的现代组合，大多以黑、白、灰为主基调。配饰以金、银、珍珠等为多见。

正装风格服装的面料要求有一定弹性，质地紧密、耐高温、防水、透气等特点，以人工合成的为多。

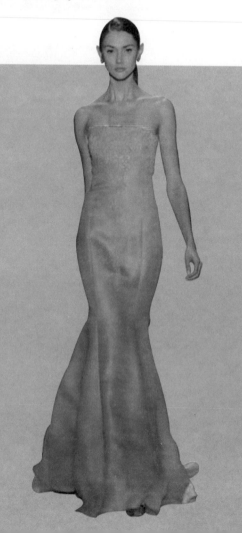

二、休闲风格——舒适的户外服饰

休闲风格服装的整体印象

休闲风格服装是轻松、随意、舒适的代表。随着时代的进步、经济的发展、物质的极大丰富,人们更注重追求自我的生活状态,身体的健康和心理的健康都成为生活的重点。身心的彻底放松和愉悦是休闲服装要求做到的。休闲风格服装以舒适、穿着方便、能适应气候、季节的变化而广受人们喜爱,不受年龄的局限,甚至每个年龄阶段都可以演绎出休闲风格的服装类型。休闲风格服装很注重面料的舒适和功能性的剪裁,线条自然,整体简单,没有繁复的累赘装饰,色彩明快,搭配随意自然。

休闲风格服装的造型特点

休闲风格服装注重实用性、方便性、功能性、活动性,使用宽松的裤装、背带裤等裤装、夹克,造型简练舒适,给人轻松的感觉。局部可以用大口袋、异色的材质相拼接、金属搭扣等装饰性的设计体现自然的设计风格。上下装的风格要统一协调,结构和工艺以多种变化为宜,或者以不同面料的混搭为主旨。

休闲风格的服装色彩以单纯明快为主,白色、中性色、偏冷的色彩是最佳选择,金属色和荧光色点缀和提亮牛仔系列也是这一主题的最爱。经过处理后,各种不同类型的牛仔可以尽情地展示自然而纯朴的味道。

休闲风格服装的面料以不同材质的面料混搭为特点。

三、经典风格——复古而传统的服饰

经典风格服装的整体印象

经典风格服装是起源于西欧经典传统的文化的演绎，具有深厚的文化背景，保守的不被潮流所动摇的稳定的整体形象。这类服装风格严谨、格调高雅，体现了怀旧的风范，韵味十足。经典风格服装以晚礼服的样式进行演绎，体现出华丽流畅的线条，加之古典传统的手工艺感觉。都市的经典风格服装最具传统、理智、积极的特性，明显是具有一定品质的职业性服装。

经典风格服装的造型特点

都市经典风格服装是以古典的绅士服装特点为设计元素，选择蕾丝领子和袖口有贵族特征的衬衫、贝雷帽、怀表、老式皮鞋等。经典风格服装的造型轮廓无论是X形、Y形或者是A形都将女性凹凸有致的形体美表露无遗。苗条的腰肢、有魅力的肩背、上翘的臀部剪裁、大胆的低领等是极具女性魅力的造型。

经典风格服装的色彩以正统的深沉色彩为主，如酒红色、墨绿色、宝石蓝、深沉的紫，或者是以茶色、褐色、灰色为基本色，搭配红、绿、黄等纯度高的鲜艳色彩。

经典风格的服装常选用高贵、豪华的面料，如天鹅绒、丝绸、锦缎等等，纹理是富有手工意味的印花、提花等。都市经典风格服装也是用精纺面料，多用苏格兰格子呢面料和羊毛面料，图案以传统的单色、条纹、格子为多。

四、浪漫风格——女人味十足的服饰

浪漫风格服装的整体印象

　　浪漫风格的服装是以少女为主要消费对象。浪漫风格的服装给人以罗曼蒂克的遐想和青春懵懂的柔美感。我们每个人都会经历青春的懵懂期,年轻无丑女。在那花样的年代,人们不会用生硬而矫揉造作的剪裁来束缚自己。青春的女孩子会用皱褶、花边、蕾丝或者刺绣和花卉图样来配合自己花一样的美丽。

浪漫风格服装的造型特点

　　浪漫风格的服装强调温柔、甜美、罗曼蒂克、梦幻的形象。浪漫的服装造型以X型的紧身束腰的造型为主,将大量的时间和注意力放在裙的造型和袖子的造型这些细节的部位。局部多用蝴蝶结、玫瑰花等来装饰。

　　关于面料,浪漫风格服装大都是以柔软、轻盈、通透感好的面料来演绎,用以达到热情、奔放、青春、有活力的浪漫效果。多以棉、麻织物为基本面料,有精纺棉布、泡泡纱。图案大多是大胆、明快、鲜艳的大花,或者

是格子、条纹等。这一款的服装色调主要是明亮的、柔和的浅粉色，以强烈、鲜明的色彩来表现明亮和活泼的效果。

五、优雅风格——成熟而端庄的服饰

优雅风格服装的整体印象

优雅成熟风格的服装精致而端庄，是贵妇人优雅气质的最好表现。优雅风格服装的来源是欧洲传统的社交界、上流社会的标志性高级时装。到了现代，优雅风格的服装也成为高品位的高级成衣的代表。优雅风格的服装一定伴随着最完美的设计语言、最精湛的剪裁和制作技术，采用最优质的材料和最高贵的色彩。因此优雅风格的服装体现了典型的欧洲传统的审美观，包含了古典和现代的文化气质。因为非常注重服装的造型和整体的搭配效果，所以优雅风格的服装可以充分展示所装饰的主人的社会地位和经济地位。

Fash

优雅风格服装的造型特点

　　优雅风格的服装色彩以柔和、简洁、高贵为主，如浅灰色调、浅紫色、米色、茶色、粉橙色等等，亦或是以沉着的色彩基调为主。搭配要简练，自然对比度不可以很强，以暖色系中的栗子色、黑檀，或者用白色、中间灰色搭配纯色的红、黑为主。

　　优雅风格服装的剪裁和制作要以精致、细节的制作精良为重；服装的面料要用柔软的悬垂感强的面料。除了晚礼服，其他优雅风格的成衣需要选择品质高的面料，如丝绸、羊绒等等。制作则非常讲究，在细节的制作上需要特别地花心思。

　　优雅风格服装的造型要以修长的轮廓、合体的剪裁凸显女人味为准。

　　优雅风格服装的搭配要华贵高雅而简练，拒绝繁复而花哨。

六、中性风格——潇洒而独立的服饰

中性风格服装的整体印象

今天的女性以独立、自信、张扬的个性为时尚、为时代的标志,在服饰上则体现出干练、潇洒,与男性风格相近的特征。西服、风衣、衬衫、西裤等服装在细节处加上女性的柔美、亲切感的处理。刚柔相济、潇洒大方的时代女性形象,就确定了中性风格服装的整体印象。

中性风格服装的造型特点

中性干练的服装造型来源于绅士风格的直线型西服、风衣、西服马甲、西裤等硬朗而大方的服装造型。中性风格的服装重点是注重上装和下装的协调统一,以西装裤为主的中性风格服装,并不是简单地抄袭男装的特征或直接转嫁过来,而是要在剪裁的思路上将女性的元素巧妙地揉入男装

的特征中,将妩媚与硬朗完美地结合,相得益彰,成为中性女装的最终设计理念。

中性风格服装的色彩以沉稳、中性、偏冷的色彩为多,包括普鲁士蓝、中间灰、白色、米色、咖啡色等等。

中性风格服装以毛纺、锦纶、精纺、驼毛、羊绒等表现垂感、笔直、平整的面料为主。

七、田园风格——自然而民族的服饰

田园风格服装的整体印象

田园风格的服装给人以自然、纯朴、舒适的总体感觉。当今的人们崇尚自然民族风,对田园风格的服装给予了极大评价。田园风格的服装大多采用天然的面料和朴实自然的配饰。整体表现为单纯简单的线条,局部用手工感强的镶、嵌、滚等方式表现。田园风格服装注重层次搭配,具有朴实、自然、舒适的风格特征。外套宽松,搭配乡村打褶裙子和背心,整体感觉清新而自然。在服饰的

搭配上以民族特点为主。

田园风格服装的造型特点

田园风格的服装以彩度高的深色、原汁原味的自然色彩为多,如土黄、橘黄、玫瑰红、蓝色等,再搭配金黄、紫罗兰、宝石绿、群青等颜色显示出层次韵律。或以田园自然色如乳白、米色、麦秆色、栗子色、茶色、干花色以及各种泥土的颜色来体现。

田园风格服装的面料多采用民族风格,以具有东方味道的缎子、绸子,或者是棉、麻、天然纤维为主。纹饰多以地方特征明显的印花图案、质朴的手工艺加工为主导,选用粗犷的动物皮毛、乡村印花棉布、手织布和手工编织物,配合手工编织、手工扎染、蜡染、民族刺绣等手法。

田园风格的服装整体感觉就是拒绝人工雕琢的元素,还自然以本色为主旨,给人以恬淡自然的舒适感觉。

八、时尚风格——前卫而先锋的服饰

时尚风格服装的整体印象

时尚前卫风格服装给人以叛逆、颠覆破坏、反传统的感觉。时尚而前卫风格的服装基本属于年轻人的专利,代表了着装人的叛逆个性以及大胆的创造力。时尚风格服装大都极富想象力,加之超前的时尚元素,服装对比度一般都非常强烈,形的变化非常大,不会遵守传统的服装比例和一般结构的稳定性,还会把局部无限地夸张,个性得到最大限度地张扬。时尚前卫风格的服装是少数具有强烈个性的青年人表现不拘一格的、随意的、混搭的心情的一种方式。

时尚风格服装的造型特点

蓬克一族就是典型的时尚前卫服装的代表。蓬克一族是20世纪70年代出现的极端青年一族。他们是对传统规范强烈叛逆、行为放纵、不加束缚的象征。

时尚前卫风格的服装强调个性,对传统的概念大胆而坚决地反叛。超短裙,或超长裙、裤装、T恤、夹克、皮背心等一些毫无相干的元素随意混搭,给人耳目一新又与众不同的感觉。时尚前卫服装的配饰以常人不可接受的怪诞、夸张、出乎意料的物品来修饰,比如废弃物、机械零件等等。

时尚风格服装的色彩大多以荧光色、高彩度的视觉冲击力强的色彩为主;或者是黑色,金属色、银色、铜色、铁色则为常用色。

时尚风格服装的面料一般用有光泽的、人工感强的、皮革、弹性针织,或者是金属的闪光面料,再就是强洗过的牛仔布等为主。

第四章 旧衣改造

Fashion Fashion Fashion

策划与设计 旧衣的分解

只要肯用心,旧衣也可换新颜。

旧的牛仔裤样式过时了怎么办?

① 如果把裤腿剪到小腿中部或膝盖的位置,将口收得紧些,像是泡泡袖那样,马上就会旧貌换新颜,变成最时髦的牛仔短裤!

② 现在流行的牛仔裤一般裤脚都有垂边或贴边毛边,我们把原来的裤子改造一下,加上不同的边或者故意把边磨破,露出线毛就变成了须状物的牛仔裤!

③ 如果我们的牛仔裤腿宽了,没弹性,可以缝进一点,令它有线条感;如果裤腿窄了,就干脆把它剪开个口子,马上就变成最另类的牛仔裤了,又环保,又省钱。

④ 如果我们的裙子短了,没什么变化,就在裙摆处加点蕾丝花边、花色不同的碎布,马上就会变成一条与众不同的很有设计感的裙子!

⑤ 如果一不小心衣服上沾了洗不掉的污渍,那也难不倒我们,只要在污渍的表面上缝个口袋或卡通图案,既遮丑又漂亮,但要依据位置的不同来搭配适合的图案或口袋。

⑥ 如果我们不喜欢圆领衫了,那就把领子剪个口子,变成V形领、鸡心领等。现在V字领或鸡心领都是比较流行的款式。

⑦ 还可以在圆领衫的里面搭配缝个很合适的衬衫领子,加入变化的内容。

⑧ 我们以前的衣服款式也许比较宽松,那就在直身外套的腰部加一条带子,就变为收腰款式了。

⑨ 把过时的毛衣的袖子拆掉或者剪去一部分,变为背心或者是半袖。还可以根据个人喜好,把背心的下摆改变,或者增长,或者收紧。

旧衣的设计重构

巧用配饰做大文章

打开你的衣柜,像这样的T恤你一定有吧,样式很普通,没有特色,我们只要稍加修饰就能给它以全新的面貌!你只需要准备一些材料,比如白色或者彩色的、大小不同的扣子,或者是你自己喜欢的东西,比如胸章、金属链、蝴蝶结、水钻、亮片都可以,按自己的喜好并同原来T恤的颜色比较协调就可以了。这些东西都是些小零碎,很容易买到的,可以到小商品批发市场看看,种类很多。接着就用针和线把它们随意地缝到原来的T恤的领口处,把小饰品缝到T恤上最重要的就是随意。随意就是不那么死板,不那么有规则,排列的疏密和分布的多少都根据自己的喜好而定。这样才能改造出只属于你自己的服装。有的地方还可以在大扣子上再缝个小扣子,或者在大的亮片上加个蕾丝花边等等。这样就增加了立体感

和设计感。只增加了些许装饰物和自己的随心所欲的布置，如此简单的处理就将旧的T恤改造成了一件特别的T恤。

拼贴碎布将补丁变成新潮

将单色的T恤以破坏性的方式进行改造，比如将后背横向剪开，平行剪开再用手横向拉一下，如此就可以把边缘拉卷。可以把前胸剪成开胸的无边的领子，并把边拉卷，穿着时可以在里面穿一件与外面的T恤色彩对比强烈的单色抹胸，也可以是与外面的T恤同色系的带花的小吊带或者是抹胸搭配。还可以将一块碎布缝在里面作为固定的搭配，这样就不用每次穿的时候再费心思搭配了。碎布的花色可以是小花的，也可以是纯色的，搭配要有层次感。还可以用几种碎布来进行拼接、组合，以达到独一无二的设计感，彰显自己的独具匠心。或者不把原T恤进行剪裁，只是把各种碎布拼贴在T恤衫上面，因为碎布的材质、色彩、图案等各方面都与原T恤不同，所以由于碎布的加入而将T恤的风格完全打破。这几种方式的改造都很具颠覆性，需要花心思设计，在动手之前一定要用粉笔在衣服上先画出剪裁的位置和图案，否则一不小心就会将完整的T恤变为废布！在这里给你一点小小的建议，你可以把你喜欢的图案用立体的方式演绎出来。如果成功是会有很强的成就感的！祝你好运！

涂鸦改变单调

　　这是个很容易理解的方法,直接在原来的单色的T恤上画你喜欢的图案,也可以写上你喜欢的话,总之画上你想示人的东西。这个方法看似简单实则不简单,因为这是最需要设计才华的一种改造方式了。如果不会画画也没关系,涂鸦的概念就是随意地画。但在颜料的选择上一定要选择织物专用颜料,有的颜料还可以制造出立体的效果。在你画之前要记得把衣服铺平,在衣服里垫上白纸和硬板,以避免颜料渗透到T恤的另一面上。在做之前你应该先用粉笔画个图样,然后再将颜料按你的想法画上,颜料在用之前不要加水,画好之后将衣服放在通风的地方晾干。当颜料完全干了后再在衣服上铺一张白纸,在白纸上用熨斗熨一下。这样做的目的是令颜料溶入T恤内,保险一些,自己画的涂鸦就不那么容易被洗掉了。给你几种建议:你可以画上领带、领结、假的领子或者是背带,这些都是很简单而又很有趣的设计。也可以用一些工具蘸上颜料随意地在T恤上涂抹,这样制造出的效果会很特别,绝对显得独一无二。这个方法还可用在裤子或者鞋子和包包上,画上一个表情表达你的心情,还可以花些心思在色彩的搭配上,总之只有你想不到的,没有做不到的。

缝缝补补也能大变模样

　　将毫无曲线的T恤衫的下摆处,从两边自下而上地缝几针,将直线抽起,变成曲线或者是收口。也可以在腰部进行抽紧的缝制,将体现出一些腰身的感觉。还可以在胸前用刚才的方法缝出褶皱,用立体的方法将直线的服装改造成为曲线的、有设计元素的服装。

　　缝制后,还可在细节上增加点元素,比如把以上介绍的做法加以叠加,一定会让你的衣服变得时尚而独具匠心。如此一来你的压箱底的衣服就会立刻改变模样,不那么单调了,也将重新得到你的青睐。

旧衣再造的表现方法

　　服装再造需要你用心思考和设计,只有想不到的,没有做不到的。这里只介绍几种方式,希望能够达到抛砖引玉的功能,开启你自己的思路,张开你思想的翅膀,多多思考,再动手试试,一定可以给你的生活增添不少的色彩,增加许多生活情趣!

　　① 将简单造型的服装进行颠覆性的破坏,成为另一种风格的服装。

　　② 将几件不同颜色、不同质地的服装剪裁拼贴,组合形成一件新的服装。

　　③ 将肥大的服装在腰身部位剪裁缝进一部分,变得贴合身材。

　　④ 将瘦而紧的服装或者将其横向开口,使其扩张;或者纵向开口再内拼接,增加围度。

　　⑤ 将死板的四方的规则形服装,在领子、肩膀处剪裁,变为不对称的形状。

　　⑥ 将小的各种不同材质的饰品附加于服装的表面,形成新的服装风格。

　　⑦ 将短裙的内部用不同材质的布拼接,加上个底边,可以是蕾丝花边,也可以是不对称形的边,多加两层也可以。

　　⑧ 把小领子剪裁为大领子;再在领子内缝上不同材质的领子,比如在圆领衫内加个衬衫领子等。

　　⑨ 把袖子剪掉,换个不同材质的袖子;或者在短袖内再加个边,形成双层袖;或者加个泡泡袖。

　　⑩ 在裤子上增加图案,或者是花,或者是加一条不同材质的布料。

　　⑪ 将裤子改为短裤、书包或者帽子。

　　⑫ 将大披肩下摆缝掉一些,加上扣子,变成披肩式外套。

　　⑬ 将旧了变黄的白色衣服变回雪白,方法是把变黄的白衣服浸泡在加有蓝靛的溶液里漂洗,立刻就会整洁如新,重新变得雪白。

　　⑭ 蓝色的绸缎衣服,日子久了会褪色,如果变成淡紫色时,就用硼砂溶液浸泡一小时左右,然后清洗,就能恢复原色,鲜艳如新。

　　⑮ 黑色、红色的旧衣服,时间长会褪色,在洗涤时往水中加几滴醋,清洗后就能使衣服恢复原有光泽。

　　⑯ 羊毛衫衣服如果缩短、变硬,就用干净的白布裹起来,放进蒸笼里蒸10分钟左右,或者用微波炉转5分钟,取出后用手把纤维抖松,然后轻轻地拉成原来的样子和尺寸,平放在木板上,于通风的地方阴干,就能恢复原状。注意不可以用晾晒的方法,否则还会变形。

　　⑰ 毛线、毛衣等羊毛织物,洗的次数多了会逐渐失去原来的光泽,先把衣服放到清水中漂洗几次,再在清水中加进一点醋,用酸、碱性中和的方式使羊毛织物恢复原有光泽。

　　⑱ 旧呢绒衣服翻新可用一盆清水,加少量氨水,把一块干净白布浸泡在溶液中,然后拧干,敷于绒衣上用热熨斗熨烫,就会去旧变新。

第五章 旧衣再造的实例分析

Fashion Fashion Fashion

衣 我做主

FANYAJUN
范亚君

从箱底翻出这件发旧的圆领T恤衫,胸前的金色图案已经被磨得看不清纹样,但是这件原本海蓝色的衣服依然残留着许多回忆。丢掉它,实在不忍,于是,兴趣驱使我将它改变成新的模样。

过去的自己,身上有诸多男孩子的性格,现在将女人味进行到底是很多女孩的信念。索性,将自己比较喜欢的一件白色一字领无袖T恤贡献出来,用做新衣服的上半身。领子设计成比较妩媚的大V领,将蓝色圆领被裁掉的上半部为领子沿了个宽边,和下面的颜色呼应。上半身的形状特意设计成女人的胸型,背面也是低圆领,更突出了女人的特征,隐约露出的金色图案显得很抽象。在衣服的左下角和肩口两边都有白色的不规则花边,那是用剪掉的白色T恤做成的,除了起到装饰作用,主要是使整件衣服上下呼应,颜色协调,更富有女性魅力!

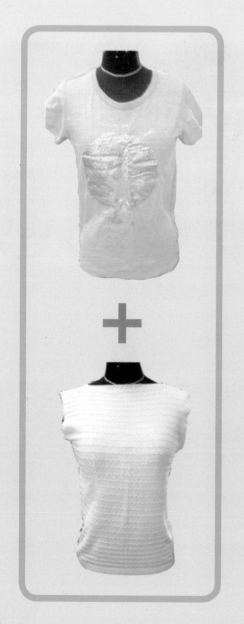

FANGMING
房 明

一件造型很酷的时装,你不曾想到它以前的样子吧!

那是被穿得底边已松懈的大开领针织衫,从颜色也能看出岁月的痕迹。当衣服穿了很长时间以后,你会发现,它不但不漂亮了,而且也没有了新鲜感。为了能有一件与众不同的时髦上衣,我花费了很多心思,例如,不对称式样、装饰的添加,都为整件衣服增色不少。

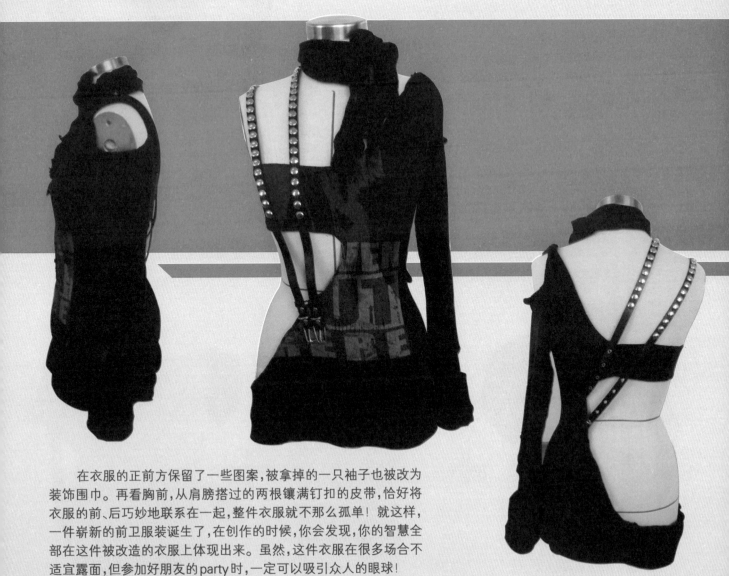

在衣服的正前方保留了一些图案,被拿掉的一只袖子也被改为装饰围巾。再看胸前,从肩膀搭过的两根镶满钉扣的皮带,恰好将衣服的前、后巧妙地联系在一起,整件衣服就不那么孤单!就这样,一件崭新的前卫服装诞生了,在创作的时候,你会发现,你的智慧全部在这件被改造的衣服上体现出来。虽然,这件衣服在很多场合不适宜露面,但参加好朋友的party时,一定可以吸引众人的眼球!

HUANGYI
黄 毅

　　一件休闲运动型白色背心,穿的时间比较长了,超大的V型领口和底边都是夹带红色条纹的松紧口,稍有松弛。运动型背心的背面是打孔穿线的,比正面更具美感,因此将其反穿,胸前更具内容。选择搭配这件旧衣服的是一件休闲运动型毛衣,将毛衣披在背心上,并将袖子拧成螺旋状,搭在胸下,将衣身在后背上做成帽子状,造型上产生了改变,运动型背心和毛衣,两种不同材质的服装叠加在一起,肌理上也产生改变,由于这两件衣服都是粉色系,因此再在其左肩上加了一个深蓝色牛仔泡泡袖,右肩上用黑色透明的丝带做了一个带状的袖子,在视觉上达到了平衡,整体的重量感也达到了平衡。一件立体感非常强的时装就这样诞生了!

KUANGSHUMEI
匡淑梅

　　这是用一件褪了色并且又有些沧桑感的针织衫改成的衣服，肩头的洞洞后来连同袖子一起拿掉了。左袖也被剪成了半截，和右肩形成了不对称式样。因为喜欢胸前的花纹，才隐约保留了一些，为了呼应整体破旧的感觉，我将衣服中间掏了一个不规则的洞，然后又用灰色的布从背后补上，再用剪下的袖子做了个兜盖儿，贴在灰色衬底上，显得很俏皮。洞的上方，又突发灵感，随手剪了两个小洞，右腰节部位也被剪出一个不大不小的洞。再看后背，已然能把女人的美丽肩膀显现出来，整体风格好像是济公的乞丐服，但又不失新新人类的现代特征。

衣 我做主

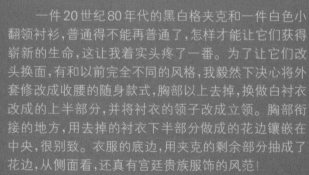

LILING
李 玲

　　一件20世纪80年代的黑白格夹克和一件白色小翻领衬衫,普通得不能再普通了,怎样才能让它们获得崭新的生命,这让我着实头疼了一番。为了让它们改头换面,有和以前完全不同的风格,我毅然下决心将外套修改成收腰的随身款式,胸部以上去掉,换做白衬衣改成的上半部分,并将衬衣的领子改成立领。胸部衔接的地方,用去掉的衬衣下半部分做成的花边镶嵌在中央,很别致。衣服的底边,用夹克的剩余部分抽成了花边,从侧面看,还真有宫廷贵族服饰的风范!

　　要是参加朋友的PARTY,一定会让所有的人眼前发亮!

40

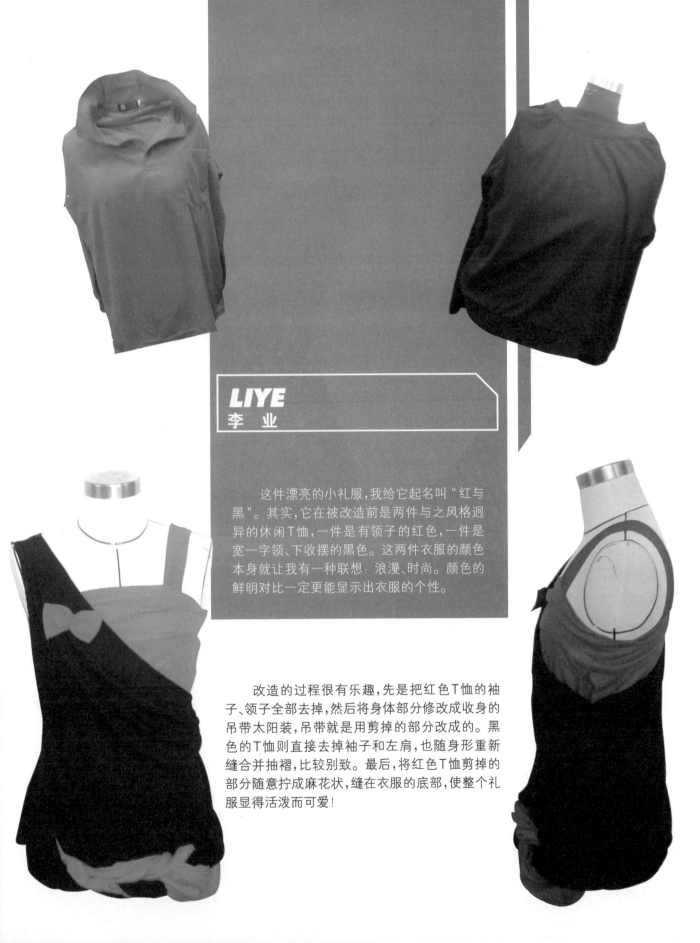

LIYE
李 业

这件漂亮的小礼服,我给它起名叫"红与黑"。其实,它在被改造前是两件与之风格迥异的休闲T恤,一件是有领子的红色,一件是宽一字领、下收摆的黑色。这两件衣服的颜色本身就让我有一种联想:浪漫、时尚。颜色的鲜明对比一定更能显示出衣服的个性。

改造的过程很有乐趣,先是把红色T恤的袖子、领子全部去掉,然后将身体部分修改成收身的吊带太阳装,吊带就是用剪掉的部分改成的。黑色的T恤则直接去掉袖子和左肩,也随身形重新缝合并抽褶,比较别致。最后,将红色T恤剪掉的部分随意拧成麻花状,缝在衣服的底部,使整个礼服显得活泼而可爱!

衣 我做主

LIZHENG
李 铮

　　此件小礼服的灵感来源于朋友的生日PARTY。黑、白两色原本就是时尚、高贵的象征,由于衣服的材质为丝状,图案为黑白圆点,就更加容易搭配和创造。

　　我把旧衣服的裙摆前后上提,更能表现衣服的轻盈、垂感。在领口周围加了一些花边,并从胸部一直绕向后背,与衣服相呼应。在腰间用较粗的绳子做了些装饰,绳子的质感和衣服做了对比更能表现丝的柔软。整个服装的造型轻巧、别致,富有梦幻色彩。

LIUHUILING
刘慧玲

　　眼前的是一件肉色的宽松毛衣,领子大得不知道经过了多少次"洗礼",衣身也被穿得松懈了很多。要想让新衣服看起来精神抖擞,就要天翻地覆地变个样。

　　袖子自然是拿下,把它变成领子的装饰能发挥更大的作用。我把衣服本来很大的领子去掉领边,再往下开一些,后背也随之扩大到腰间,然后从腰以下一点的地方再剪开一个缺口,给人以遐想。接下来就是用事先准备好的废旧的牛仔裤改成装饰。胸部,在领口里面添加一件吊带装,但中间却是镂空的,凸显妩媚。一条波浪型的牛仔腰带将衣服束起,看起来就不再那么邋遢。最引人入胜的要属衣服的臀部,是用牛仔裤的带有拉链的一面,剪成短裤型,与衣服的前片缝合在一起,非常别致、另类。想必能给那些爱美的女孩子带来不少启发吧!

 +  +

LIURUI
刘 蕊

一条普通的牛仔裤可以有很多的改变方法，比如改成书包、短裤、上衣、裙子等，要说裙子，您一定没见过牛仔礼服裙吧。

我将它在不浪费衣料、尽量利用原有结构的前提下，彻底地变了摸样。我把有拉链的正面变成了反面，做了裙子的后背，还在腰中间镶了一条金色的细腰带。正面是利用裤子的背面，胸前正好是屁股上的两个兜儿，同样，我在兜口处镶了两条金色的花边。裙身是将两条裤腿的里侧豁开，中间缝合就成了裙子。用剩下的裤腿边做裙子的肩带，最后，用一条白色的宽花边巧妙地盖在胸前，将吊带与裙身的连接处遮挡，给整件作品更添光彩！

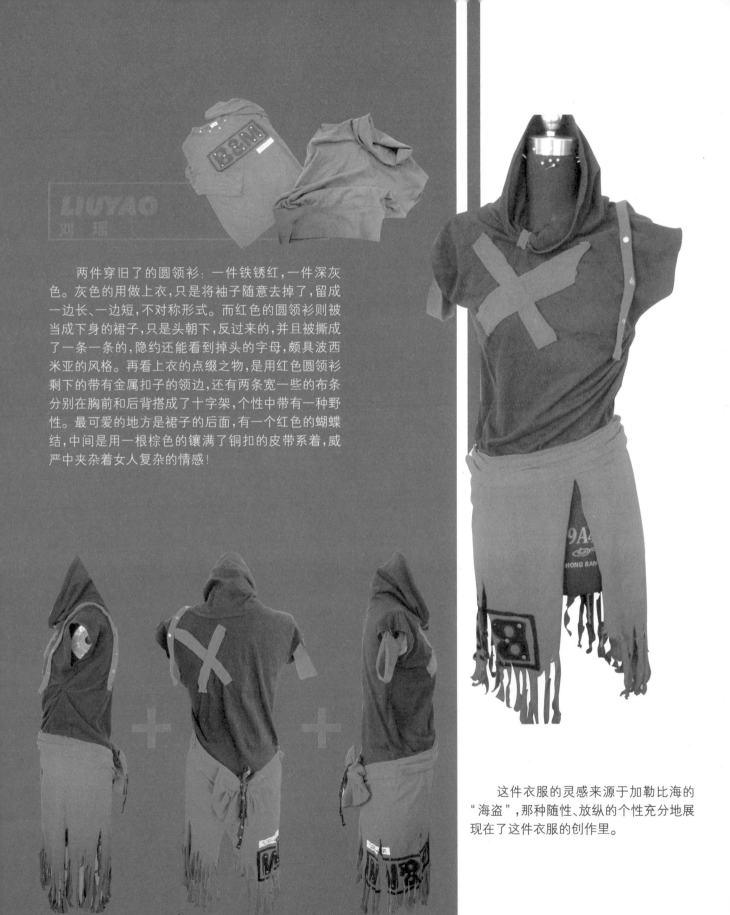

　　两件穿旧了的圆领衫：一件铁锈红，一件深灰色。灰色的用做上衣，只是将袖子随意去掉了，留成一边长、一边短，不对称形式。而红色的圆领衫则被当成下身的裙子，只是头朝下，反过来的，并且被撕成了一条一条的，隐约还能看到掉头的字母，颇具波西米亚的风格。再看上衣的点缀之物，是用红色圆领衫剩下的带有金属扣子的领边，还有两条宽一些的布条分别在胸前和后背搭成了十字架，个性中带有一种野性。最可爱的地方是裙子的后面，有一个红色的蝴蝶结，中间是用一根棕色的镶满了铜扣的皮带系着，威严中夹杂着女人复杂的情感！

　　这件衣服的灵感来源于加勒比海的"海盗"，那种随性、放纵的个性充分地展现在了这件衣服的创作里。

衣 我做主

LUJIA
卢 佳

　　一件小时候妈妈给我做的白衬衫,陪我度过了很多年,从穿着很大,到现在街上已经很少见到这样的白衬衫,一直舍不得丢掉。

　　其实,简单地改变一下,就会出现意想不到的效果。我把衬衣的领子去掉,改变成大V领,前身的下摆,从中间往两边收进去,成三角形。后背挖出一个大大的V形,一直到腰间,然后用挖掉的部分扎一个蝴蝶结,把腰间多余的部分都收到中间。整件衣服成X型,使原本过时的衬衣摇身变成了一件新颖、大方的时装。

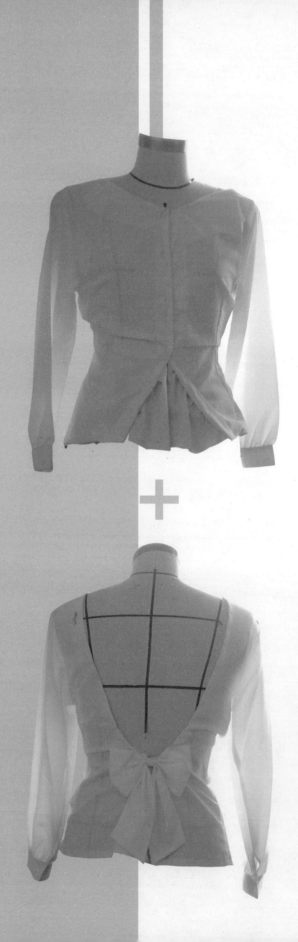

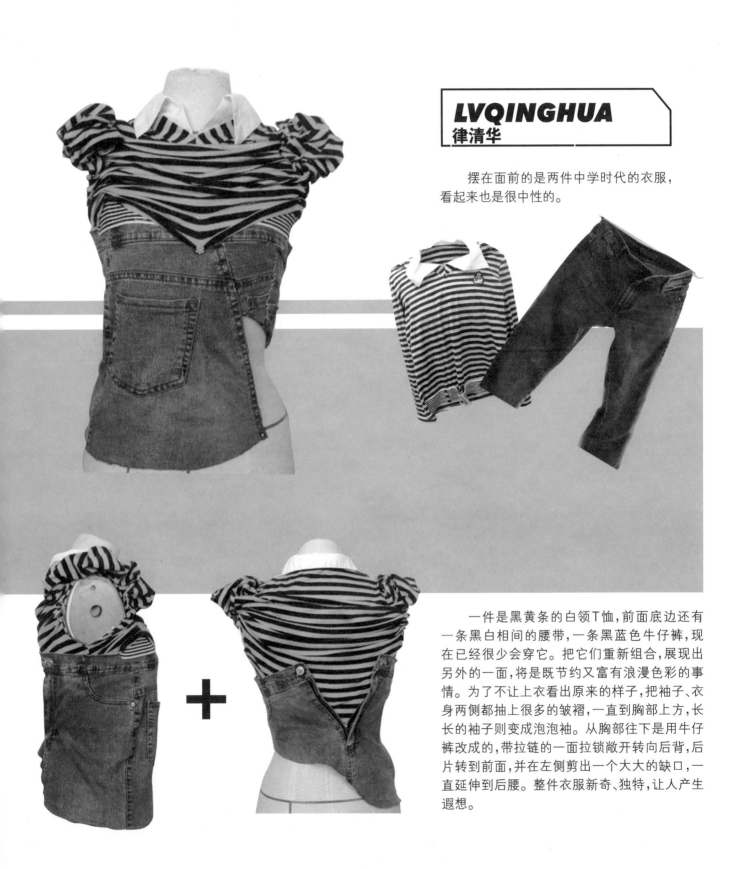

摆在面前的是两件中学时代的衣服，看起来也是很中性的。

一件是黑黄条的白领T恤，前面底边还有一条黑白相间的腰带，一条黑蓝色牛仔裤，现在已经很少会穿它。把它们重新组合，展现出另外的一面，将是既节约又富有浪漫色彩的事情。为了不让上衣看出原来的样子，把袖子、衣身两侧都抽上很多的皱褶，一直到胸部上方，长长的袖子则变成泡泡袖。从胸部往下是用牛仔裤改成的，带拉链的一面拉锁敞开转向后背，后片转到前面，并在左侧剪出一个大大的缺口，一直延伸到后腰。整件衣服新奇、独特，让人产生遐想。

MAJIE
马洁

一件有水滴纹样的短袖睡衣,在箱子底压了很久,和另外一件白色的跨栏背心(已经洗得发灰)凑在一起,将有什么样的表现呢?别急,我把背心拦腰截断,变成上下两半,但依然保持衣身的长度。上身从胸前剪掉背心的两个肩部,沿后背一直剪下去。领子用那件花睡衣做成,并且利用了胸前原有的一排扣子做点缀,很是别致。衣服的胸下方至腰以上,一块深蓝色的布艺花填补了胸部中央的平坦。衣服的上、下两半是用从花睡衣剪下的一根根布条连接起来的,使整件衣服显得饱满而不单调。

将裙子的后片从中间破开,向两边裁成扇型,不合拢,用一条豹皮纹样的宽布条做装饰,像系鞋带一样交叉着把两个前片连接起来,中间成镂空状,给人以朦胧的神秘感。裙子的前片做成后片,露肩,一条豹皮纹样的宽布带从胸前一直沿后背镶嵌在裙子边缘,并在脖子后面的吊带处长长地垂下作为装饰带,使整件衣服看起来很精致。

QIANKUN
钱坤

这件黑色A字裙是一件比较正式的制服裙,是小时候希望自己在人前显得成熟一些,而让妈妈买的,现如今也没什么机会穿它,把它改成一件晚礼服想必很时尚。

QINSHIKUN
秦诗坤

　　两件同色系的衣服,质地完全不同,一件是牛仔粗布,一件是细软的针织,但搭配在一起,就能出现奇特的效果。这件新衣服运用了解构法,将牛仔裤分解,利用其拉链的结构特点做领口,并将口袋处掏空做袖洞,同时将深蓝色休闲衫的袖子取下,将其微喇的袖口放置肩部打造露肩的效果,之后把休闲衫的衣身倒过来做成裙子,图案微微露出来。这件衣服同时采用了装饰的变化法,将剪下来的牛仔布边做裙子上的装饰带,营造出洒脱、放纵的感觉,整件衣服的嬉皮个性很是突出。

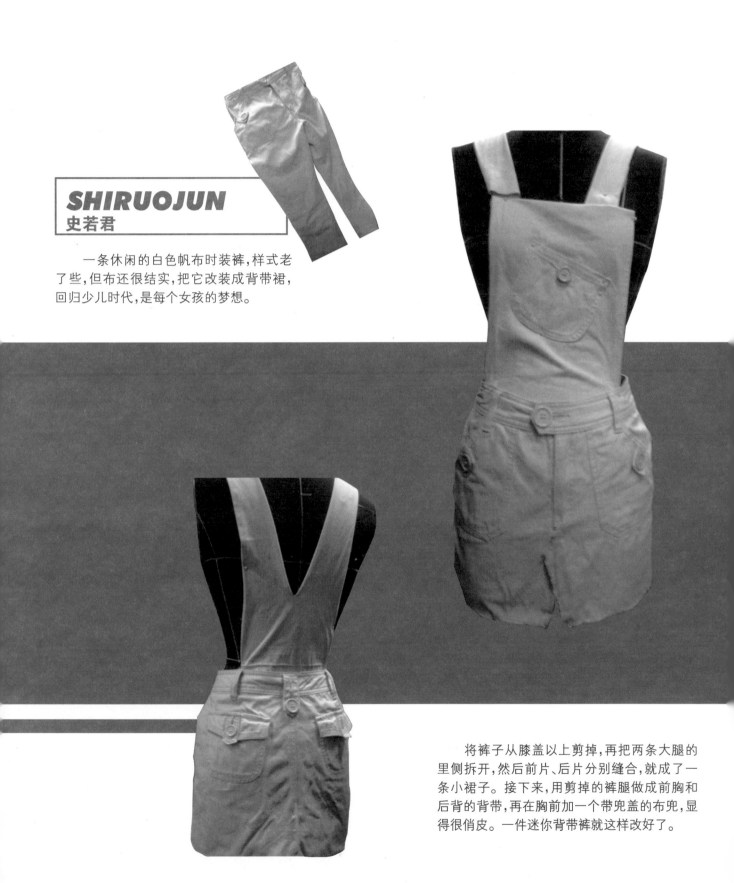

SHIRUOJUN
史若君

一条休闲的白色帆布时装裤,样式老了些,但布还很结实,把它改装成背带裙,回归少儿时代,是每个女孩的梦想。

将裤子从膝盖以上剪掉,再把两条大腿的里侧拆开,然后前片、后片分别缝合,就成了一条小裙子。接下来,用剪掉的裤腿做成前胸和后背的背带,再在胸前加一个带兜盖的布兜,显得很俏皮。一件迷你背带裤就这样改好了。

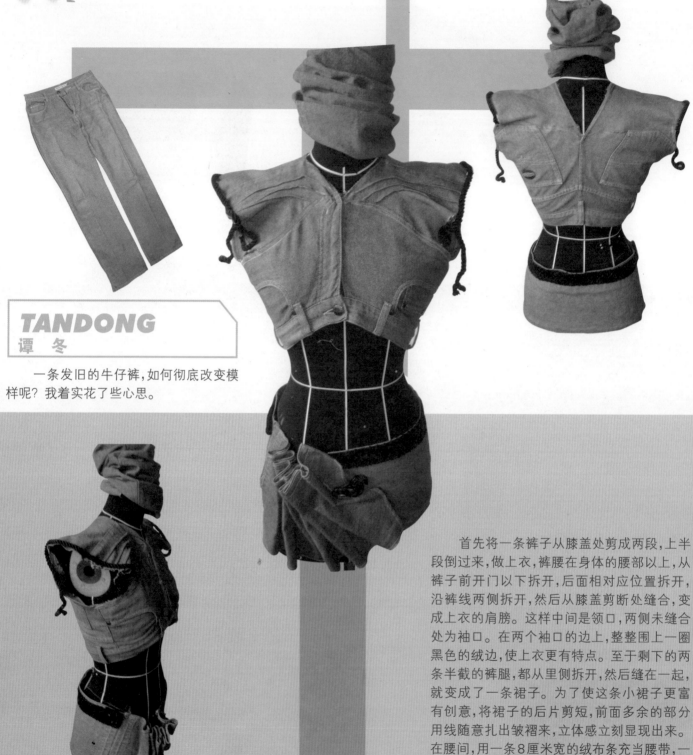

TANDONG
谭 冬

一条发旧的牛仔裤,如何彻底改变模样呢? 我着实花了些心思。

首先将一条裤子从膝盖处剪成两段,上半段倒过来,做上衣,裤腰在身体的腰部以上,从裤子前开门以下拆开,后面相对应位置拆开,沿裤线两侧拆开,然后从膝盖剪断处缝合,变成上衣的肩膀。这样中间是领口,两侧未缝合处为袖口。在两个袖口的边上,整整围上一圈黑色的绒边,使上衣更有特点。至于剩下的两条半截的裤腿,都从里侧拆开,然后缝在一起,就变成了一条裙子。为了使这条小裙子更富有创意,将裙子的后片剪短,前面多余的部分用线随意扎出皱褶来,立体感立刻显现出来。在腰间,用一条8厘米宽的绒布条充当腰带,一条精致的迷你裙就这样制作成功了。最后,用仅有的一点剩布做一项时尚的帽子戴在头上,更突出了衣服的前卫感。

XUCHAO
徐超

这件T恤放在衣橱里,早已想不起来穿。把它改变一下,就有了新的感觉。

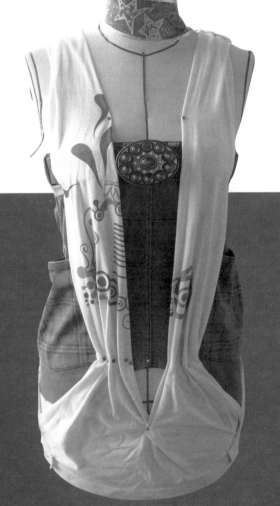

既然要改变,那就彻底些,将T恤前、后片的中间部分一直剪到腹部偏下,后背剪到臀部以上。在前后片的下方,将两边分别抽在一起,上、下有皱褶显出来。两只袖子全部拿掉,这样,衣服就做好了一半。接下来,找到一件旧一些的牛仔小马甲,缝在了白色T恤里面,胸部围上一根宽皮带。胸部中间有一个非常漂亮的扣佩,为整件衣服增添了精彩之处。

YANMING
严明

这件被改造前的黄色圆领衫显得很平和,下摆有些压过的痕迹。没有关系,我们把它的下摆保留了皱褶,并且一边往上提升至腰部,做出不平衡的感觉。将领子的小滚边和衣服之间剪下来一条,看上去像是脖子上的项链。然后将衣服胸前的部分剪出不规则的一个一个小洞,再在洞和洞之间镶上黑色的珠片,很有创意感。最后,为了和上面的珠片呼应,找一条黑色透明、镶有珠片的宽花边做腰带,更是别出新裁。最可爱的还要数下身的裙子,用一块黑布围起,下摆剪成不规则的一条条像被撕成的碎片。这套衣服搭配起来,有一种成熟美,但又不失活泼。

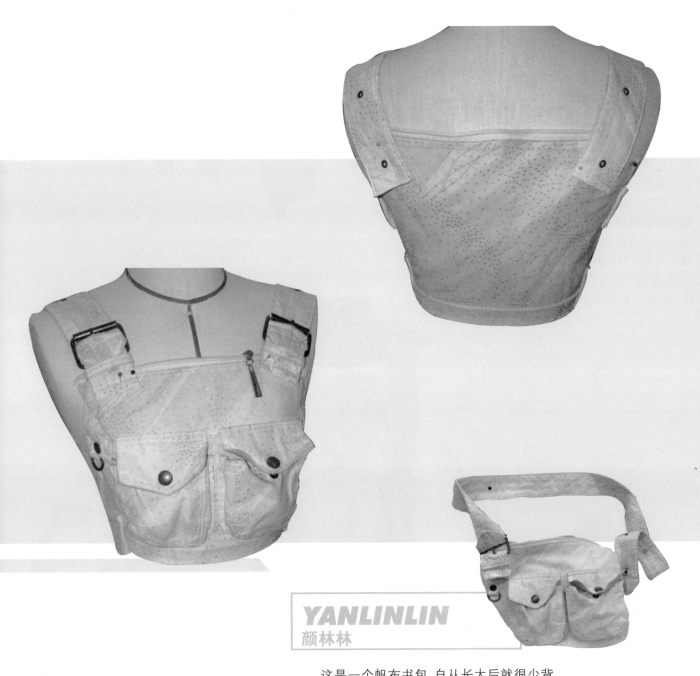

　　这是一个帆布书包,自从长大后就很少背了。它的花纹是很清秀的,但两个夸张的大兜又显得很随意。想想看,将它摇身变成一件时髦的吊带衣,大家一定很吃惊。其实很简单,把书包底部拆开,拉链拉开,底边重新缝制,有兜的面向前。然后将书包带剪下来,做衣服的背带。整体看上去,是件很顽皮的作品。

YANGCHEN
杨 晨

我的旧衣服是一件T恤和一条牛仔裤。

此件衣服运用转换法,将牛仔裤前后颠置,臀围线向下10厘米剪下,将牛仔裤腰部提升至胸下,这样使原本的T恤有了一定的收腰效果,又利用牛仔裤裤腿原有的扣带做出背带裤的效果,在背后将背带十字交叉,突出了腰部曲线。再将T恤两袖做了一些抽褶处理,这样,既帅气硬朗又不失女孩的俏皮可爱,显现出女孩的天性。

YANGFAN
杨 帆

　　这件看起来比较另类的时装，在被修改之前是一件大V领的休闲运动款绒衣,左胸前的字迹在后来被一个用袖子改良的方便兜遮挡上了,这样就会产生时尚感。另外的兜兜缝在了右下摆,和上方的胸兜形成对比。另外的袖子做成了一个装饰高领,可单独围在脖子上。领子部位将大V领向右下方斜开成与肩膀成直角的形状。在去掉袖子的地方用棉麻质地的面料缝接上两只形状不同的短袖,使得整件衣服更有特色。最后,将底边剪下,系成蝴蝶结缝在衣服的左下摆上,结合两边下摆抽起的皱褶,很有韵味。

+

衣 我做主

YAOZHENZHEN
姚真真

　　棉质的面料,洗久了颜色会不漂亮,花色也暗淡了很多。既然已经旧了,就想办法突出特点,不如改成怀旧风格的。将其传统的圆领口继续往下开,直到接口处。两只袖子也全部拆掉。原本长长的衣身从中间扎上,将其分成上、下两部分,就有了另一种味道。再把背部剪成一条一条,朦胧感油然而生。拆除的袖子也充分利用上,一块在胸前,另一块贴在后背,又给整件衣服增加了趣味感。

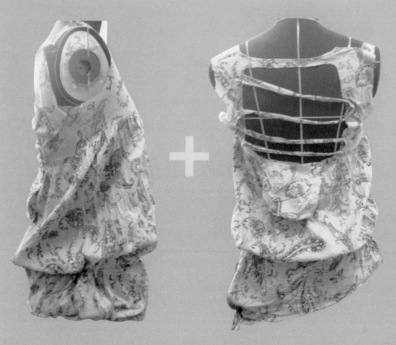

ZHANGCHENG
张 成

穿旧的牛仔裤,很多人都舍不得将它丢掉,但将它修改成什么样,谁心里也没数。

所以,在这里,教大家一个最简单的改变办法,就是直接把它改成裙子吧。虽然看起来普通,但穿起来还是很有味道的。我把裤腿的里侧拆开,缝合在一起后向右旋转,将裤子的正面转到侧面,这样,裙子看起来就有一种错位感。然后将裙子的底边裁成35度倾斜形状,把底边一圈全部剪成碎碎的条形,就更具浪漫色彩了。这样的裙子在大街上还是很少见的。

衣 我做主

ZHANGHAN
张 晗

　　我的灵感来源于混搭与转换法。棉质的衬衫比较柔软、舒适，与牛仔布料形成对比，而且白色与蓝色搭配有一种利索清爽的感觉。将衬衫在胸围线向下五厘米处裁成了两部分，用牛仔裤的两个裤腿做束腰，利用裤子上原有的兜，充分体现出精神面貌。因为想要一种自然舒适、宽松的效果，所以把衬衫做了一种打开的效果，衬衫搭门自然地垂下来。把衬衫的下半部分做衣服的下摆，并将两边抽出很多的皱褶，这样后面就会鼓出来，显出一种翘屁股的感觉。整件衣服透露出宫廷的气质。

ZHANGYONGJIN
张永晶

　　这件衣服的创意是花费了我很多心思的,原料是一条灰色的休闲裤,裤腰和前、后兜是灰白格子布点缀的。这件上衣运用了换位拼接法,将裤子从立裆以下裁开一段,大概有一尺左右,剩下垂在两边的裤腿就成了衣服的两只袖子。裤腰则成了衣服的V型领口。两侧的裤兜也正好在上衣的胸前,与领口相得益彰,非常巧妙!衣服的后背,在裤子立裆的下方,接上一节剪下的裤腿做衣身,与正面的短款形成对比,突出了时装的创意特点。

我 做 主

ZHAONANA
赵娜娜

　　这套服装比较适合年轻活泼的女孩,搭配相应的配饰更体现浪漫、时尚的感觉,同时还具有少数民族的风格,为那些热爱舞蹈的年轻人做好了准备!

　　我的设计是由3件普通的T恤改造而成的。原来的款式单调简单,缺乏变化。改造中,我用经典的黑白来搭配,再配以红色作为点缀,更具活力。抽褶的处理让整个服装质感更强烈,感觉更丰富。下摆抽褶流苏的处理使裙子活动起来更具动感,与项链遥相呼应。上衣简洁大方,兜兜的设计使衣服在穿着时更加方便。

ZHENWEI
甄 伟

　　这是用两件旧T恤改造的。一件带有模糊花纹的作为衣身，把它倒过来，将领子朝下。两只袖子自然下垂，与肩膀缝合在一起，然后用两块不同颜色和质地的面布贴在外面以做装饰。那么衣服的下摆则成了领子，除两边留出两个袖口外，两肩缝合一小部分，剩余的部分向外翻，前面做小领子，后面用另外的一件T恤与之相接，做成帽子的形状，这样，衣服活泼和时尚的特点就出来了。很适合学生穿着。

ZHOUYING
周 莹

这件衣服的改进过程是比较复杂的,因为它的蓝色非常漂亮,胸前还有暗蓝色的图案,就是款式稍微普通。为了让它更富有时尚感,我将它的两只袖子从侧面减开,然后用两根较细的带子来回交叉系上,底端系成蝴蝶结。领子在原基础上再往下开大,并抽出皱褶,胸前剪出3个圆圆的洞,再在后面补上浅蓝色的衬布。下摆剪成斜度35度左右的形状,用裁去的部分做成两朵装饰花缝在胸前。看起来,胸前的设计比较丰富,同时显得活泼可爱。后背,从中间裁开,同样用细绳带交叉系好。在领口处也缝上一朵布花,让衣服前后呼应。最后在下摆接上浅蓝色带褶皱的裙摆,使整件衣服更显妩媚!在凌乱中凸显独特的艺术构思。

ZUQINGYU
祖庆余

生活中的创意无处不在,只要你细心观察,就会有所收获。

从衣橱中翻出了一件皱皱巴巴的短风衣,颜色也没有刚买时那么鲜艳,新鲜感也随时间减退了。如果赋予它新的形象,那将是一场智慧的革命。

为了使它和以前截然不同,整件衣服有了很大变动,从它的领子、袖子到后背和下摆都做了大的改动。领子上原有的帽子被去掉了,换上了白色的双层花边。两只袖子从半截处剪掉了,也换上了同样的花边。在衣服的下摆上同样围圈添加花边,而且要比上面的花边多一些,这样会显得比较有分量。最后,在衣服的背面下方,用花边做蝴蝶结,系在腰间,看上去有宫廷贵族的风范。时装就是在无数的构思和畅想中产生的,我们都可以去勇敢地尝试,为自己的美丽贡献一些智慧!

第六章 着装与搭配

Fashion
Fashion
Fashion

蕾丝很女人很妩媚

　　蕾丝是这一季很受青睐的元素,细腻轻盈的黑色蕾丝性感而暧昧,而白色礼服上的镂空蕾丝,则凸显立体的感觉,更具高贵气质。蕾丝的运用因为需要表现高贵和性感,所以式样要合体而讲究。在穿着蕾丝的时候我们的发型也要很讲究,不可以太过随意,否则就会显得不那么协调。

Fashion

印花的热闹和明艳

　　夏季的花一向很艳丽夺目,到了略 了。用夺目的粉红色印花搭配硬朗的 边,立刻显得大方而美艳。但如果只将 的妩媚而显得媚俗。比较好的搭配方案是将印花穿在里面,外面的衣服和裤子相呼应,这样可以 显得苗条而干练,并不失妩媚。

　　显凉意的秋天,印花就增加了一些落寞的感觉 元素和无表情的中性色——黑色或者是灰色的 印花的上衣简单地搭配黑色裤子,就会失去印花

格子纹的风情

　　大面积格子纹对服装的剪裁很挑剔，只有很具设计味道的服装才会与众不同，否则很容易变得俗不可耐。格子纹的服装要用各种方式去呼应，色彩、面积、质感、格纹的方向、格子纹理的疏密等等，总之不要太呆板和简单地堆积，否则就会给人粗俗的感觉。

黑色永恒的美

　　黑色大方而包容，它汇集了各种色彩，用蝴蝶结、荷叶边或者泡泡袖等元素给黑色增加了活泼和艳丽。穿着简单的黑色服装要配精致的首饰和精致的发型，则会显出十足的美艳。剪裁潇洒的黑色服装，要配妩媚的大花发型，透露出精明和妩媚。

Fashion

我 做 主

秋季的必备之物：

秋季的必备——长款西服

长西服保持了百搭的重要风格,在肩和袖子的细节处,特别增加女性风格,会颠覆西服的性别差异,令女性的风格成功地融入到西服中,独显风情。在穿着黑色西服外套时,也可以用围巾和里面的服装相呼应,来打破黑色西服外衣的沉闷感。

秋季的必备——亮面材质

此时对亮面的运用已经到了极致,亮面可以立刻将沉闷的感觉打破,很容易地表现张扬和自信的性格。而由于亮面对身材太过挑剔,所以用亮面的美女,一定要是身材玲珑可人的那一类。最聪明的做法就是把亮面分解,打破大面积的亮面,用视觉的分散效果来诠释你的思路,而自然忽略身材的问题。在样式和图案上最好不用差异太大的服装风格混搭,那样很容易变得零乱而无章法。

秋季的必备——短靴

短靴是长裤、长裙、短裤、短裙……都可以搭配的一款。如果穿一整身黑色系的服装,再搭配一双颜色鲜艳的短靴,就会起到画龙点睛的作用,还可以与上衣部分所运用的色彩,或者格子衬衫相呼应,使整体协调统一。

秋季的必备——流苏

流苏除了在下摆、袖口、领子、披肩上找到,还可以在包包上和靴子边上找到。也可以搭配在亮面上,增加纹理的、材质的、动感的变化,立刻令服装增添时尚的气息。

实例分析好与差　协调与错乱

有些相近的色彩,比如粉红色与淡紫色的搭配,因为颜色的相近,如果搭配不好,很容易变得俗不可耐。解决的方案可以用鞋子,或者其他饰物来呼应它,就可达到和谐的感觉。在我们的整体着装中色彩不能过多,否则很容易显得混乱无序。

在穿着搭配上最简单的方法就是相互呼应、上下呼应和内外呼应。这样很容易达到协调之美。

服装搭配的另一个很有效的方法就是上松,下紧；上紧,下松。这就可以很简单地把服装的型穿出感觉来。忌讳上下都是同一个风格,那就变成一个直筒子,没有线条感了。

在色彩上,大胆地使用纯度、彩度浓的色彩,如果你不怎么会搭配,可以把它用在围巾等饰品上,纯色的面积越少,就会越容易成为亮点,会呈现出意想不到的效果。

西服小外衣和很牛仔、很休闲的喇叭裤相搭配时,最好在里面穿一件亮色或艳丽、浅淡色彩的衣服,这样会很有活力,成为混搭的成功个例。

如果围巾和鞋子可以呼应,活泼的协调的感觉就会立刻呈现。

避免头重脚轻。白色的或者是浅色的上衣,最好用鞋子来搭配,以求平衡。当然也要考虑鞋子的样式能否与整体风格相协调,把整体沉闷的感觉消除。

服装搭配的九大戒律：

一、服装的面料要尽量用最好的,虽然有时会在小店淘到价廉物美的服装,但因为那些服装的质量很差,也许只穿几次就出现问题,然后又要去买新的,整体算下来就很不划算。一件材质好,做工也精致的服装是很有生命力的,也不容易过时。

二、要找到适合你的风格的服装。我们的体型永远都不可能会适合每一款风格的服装。臀部大、有小肚腩的人不要选择低腰的牛仔裤。

三、身材矮小的女士不要穿及膝的长靴,因为它会把整个人分为两等份,看起来会比实际身高还要矮。

四、如果你的双腿不修长苗条,就不要选择超短裙。超短裙会把你的腿完全暴露出来,你将无处躲藏。千万不要选择。

五、胸部过于丰满的女士不要选择短小的紧身上衣,因为短而紧,它就无法给你的上身以足够的支撑。

六、选择在视觉感上可以帮你瘦身的材质和剪裁。宽松的剪裁很多时候会显得比实际要胖,而轻柔飘逸的材质会顺着你的曲线自然下垂,可以塑造垂直的线条,顺着这个线条移动,会令你显得苗条。

七、服装的品牌不一定是最重要的,只有适合你的服装才是最好的,一味地追求品牌并不是明智之举。

八、配饰会令你超出想象的妙!配饰可以立刻将你的着装风格改变,从正式的风格变为休闲的风格,反之亦然。它还可以把你的性感部位突出,如果你的手臂很漂亮就戴手链,胸部很性感就戴条精美的项链,它还可以分散人们的注意力,修饰你的不足之处。

九、V字领是适合所有女性的款式。无论你高、矮、胖、瘦,还是宽肩、大臀等,都可以用V字领帮你解决缺陷!它会把人们的注意力转移到身体的中间,很简单地就营造苗条的效果。它把他人的目光吸引到你的腰部,伪造了你的身材,造成纤纤细腰的感觉。

——摘自《完美形体——服饰搭配圣经》

参考文献:

[1] 尚笑梅,舒平,杜赟编著.服装设计:造型与元素[M].北京:中国纺织出版社,2008.

[2] 布拉德利 B.完美形体——服饰搭配圣经.张莉,邬元华译[M].上海人民美术出版社,2008.